This book is belong
to

calculation

9-8+7-6+5-4+3-2+1=

Level 1:

2+1=

3+4=

5+3=

6+1=

5+4=

6+7=

5+4+3=

5+4+2=

6+4+2=

7+6+3=

8+4+1=

9+7+5=

10+5+7=

3+8+11=

6+8+9=

13+7+9=

10+11+3=

15+9+8=

12+10+9=

17+14+3=

19+11+7=

18+12+15=

13+20+5=

25+14+17=

33+17+5=

37+14+16=

41+25+12=

5-3=

7-4=

9-5=

12-6=

11-7=

15-8=

16-8=

13-11=

14-12=

18-14=

20-13=

22-19=

25-7=

23-15=

30-17=

33-12=

38-23=

37-19=

44+13+25=

13+45+33=

50+32+21

60+13+29=

75+24+33=

12+65+45=

75+36+17=

87+14+5=

56+64+22=

35+13+96=

91+37+62=

77+65+52=

32-18=

45-22=

37-25=

56-34=

47-41=

32-19=

75-40=

67-41=

59-37=

105+77=

120+66=

135+34=

156+95=

183+24=

157+112=

155+44+5=

219+133=

225+155+87=

143-111=

175-99=

212-49=

334+212+11=

414+166+27=

544+72+84=

517+180+97=

314-213=

548-184=

Level 2

12+ =15

7+ =14

15+ =19

25+ =39

13+ =27

33+ =45

16 - ___ = 7

22 - ___ = 12

45 - ___ = 31

75 - ☐ = 43

83 - ☐ = 29

117 - ☐ = 81

146 - ____ = 112

199 - ____ = 123

240 - ____ = 86

354 + ____ = 512

423 + ____ = 645

722 + 212 + ____ = 1045

228 - = 156

347 - = 185

689 - = 314

820 - ___ = 547

324 + 219 + ___ = 750

413 + ___ + 58 = 813

623 -   = 475

820 -   = 566

923 -   = 712

725- ___ =275

978- ___ =544

645 - ___ =498

(5+2) +(4+6)=

(7+3)+(4+7)=

(8+1)+(6+3)=

(11+5)+(6+3)=

(13+9)+(8+12)=

(14+11)+(10+8)=

(17+13)+(5+14)=

(20+13)+(35+17)=

(46+21)+(7+26)=

(62+23)+(17+35)=

(22+75)+(34+28)=

(86+55)+(37+21)=

(112+75)+(96+31)=

(44+145)+(121+73)=

(77+183)+(160+69)=

(253+86)+(157+132)=

(164+246)+(97+76)=

(278+166)+(22+245)=

(347+86)+(167+264)=

(489+264)+(331+65)=

(365+612)+(220+32)=

(12+2) − (8+1)=

(7+5) − (3+4)=

(15+7) − (2+11)=

(21+13) − (11+5)=

(15+27) − (9+20)=

(35+14) − (26+12)=

(58+23) − (22+35=

(37+14) − (17+18)=

(85+27) −(58+30)=

(132+67) −(83+78)=

(62+134) − (48+75)=

(275+153) − (160+14)=

(326+180) − (75+219)=

(467+286) − (311+285)=

(456+342) −(245+266)=

(56 − 32) + (12+45)=

(71 -33)+ (17+18)=

(86+14)+(23-2)=

(164-120)+(27+17)=

(248+48)+(69-45)=

(478-285) – (126+17)=

(69+487) − (164+166) =

(570-348) − (123+64) =

(39+647) + (51-24) =

(57 - ____) + (15+7) = 60

(34+17) - (____ +8) = 19

(27-5) + (13+ ____) = 41

(___ - 27) + (35 - 19) = 32

(40 - ___) - (16 + 10) = 9

(178 - ___) + (36 - 10) = 111

(220-189)+(42-____)=62

(379-76) – (421-____)=198

(146-37) + (12+____)=217

(148+478) − (365− ____)=348

(279−180)+(14+567)=

(714−30) − (____ +287)=364

(630+69) – (400 - ____)=351

(165+19)+(80 -60)=

(340 - ____) – (16+120)=59

(189+18) – (23+66)=

(350– ⬚) – (14+67)=215

(879-573) – (60+ ⬚)=138

www.ingramcontent.com/pod-product-compliance
Lightning Source LLC
Chambersburg PA
CBHW080623220526

45466CB00010B/3450